Erika
&
andere flotten Typen

Andreas Schröder

IMPRESSUM

© 2019, Andreas Schröder / Eckhard Schmittner
Alle Rechte vorbehalten
Fotografien und Text: Andreas Schröder
Coverbild: Andreas Schröder
Covergestaltung: Eckhard Schmittner

Vorwort

Im Zeitraum 22. April bis 30. September 2017 fand in Halle an der Saale, genauer gesagt, im Technischen Halloren- und Salinemuseum, die Sonderausstellung „Erika & ihre flotten Typen" statt.

Die über Landesgrenzen hinaus bekannte und durch größte Medienpräsenz begleitete Schreibmaschinenausstellung des Sammlers Andreas Schröder zeigte seltene Exemplare und wirkliche Raritäten der mechanischen Schreibkunst.

Besonders haben meine Ehefrau Bettina und ich uns darüber gefreut, dass wir auf Grund der persönlichen Einladung von Andreas Schröder bei der Ausstellungseröffung dabei sein durften.

Vielleicht gibt es einmal eine Wanderausstellung: „Erika & ihre flotten Typen?"

Eckhard Schmittner

Erika & andere flotten Typen

Von der Höhlenmalerei zur virtuellen Informationstechnologie

Schrift ist eine der ältesten Kulturtechniken der Menschheit. Sie ist ein Medium der Kommunikation und zudem eine Technologie für die Weitergabe und Archivierung von Wissen.

Schrift und Zeichensysteme entstanden unabhängig voneinander an vielen Orten der Welt. Die Höhlen- und Wandmalereien können als Vorstufen unserer Buchstaben bzw. Alphabetschrift angesehen werden, aber auch die prähistorischen Kerb- und Zählzeichen aus Holz, Stein und Knochen sind solche Vorläufer.

Die jeweils praktizierte Schreib- bzw. Drucktechnik war ebenso wie das Trägermittel bestimmend für die Ästhetik eines Schreibstils bzw. einer Schriftart.

Eine Weitergabe von schriftlichen Informationen war bis in die Mitte des 16. Jahrhunderts immer von Hand geschriebene Schrift. Erst durch Johannes Gutenberg (1400 – 1468) und seine Erfindung des Buchdruckes konnten Informationen mit beweglichen Lettern schneller und in hoher Auflage hergestellt werden. Vor dieser Erfindung – der Typografie – dienten unterschiedliche Werkzeuge wie Griffel aus Holz und Metall oder Federkiele von Vögeln als Schreibinstrumente.

Durch den gegenwärtigen Wandel zur virtuellen Informationstechnologie erlebt die Kultur des Schreibens eine ähnlich starke und nachhaltige Veränderung wie durch die Erfindung des Buchdrucks.

Die „Foucaultsche Schreibmaschine" und das „Schreibende Cembalo"

Die Entwicklung der ersten Schreibautomaten beginnt im Jahr 1714.

Der englische Ingenieur Henry Mill (1683 – 1771) ließ eine Maschine patentieren, mit der man einzelne und fortlaufende Buchstaben auf Papier sauber und exakt drucken konnte.

Erste nachhaltige Schritte auf dem Weg zur Schreibmaschine sind die Modelle von Karl Freiherr von Drais (1785 – 1851) sowie die Blindenschreibmaschine von Leon Foucault (1843). Der Physiker Foucault ist heute noch bekannt für seine Pendel- Experimente mit dessen Hilfe ohne Bezug auf Beobachtungen am Himmel die Erdrotation nachgewiesen werden kann.

Im Schreibapparat „cembalo scrivano" des Italieners Guiseppe Ravizza (1811 – 1885) war zu ersten Mal ein Farbband integriert, um die Buchstaben mit Farbe auf das Blatt übertragen.

Der Erfinder Peter Mitterhofer (1822 – 1893)

Als eigentlicher Erfinder der Schreibmaschine gilt jedoch der Zimmermann Peter Mitterhofer. Er hatte ursprünglich das Tischler- und Zimmermannshandwerk erlernt. Dabei trat bereits schon früh seine große Geschicklichkeit und Erfindergabe zutage. Er baute Musikinstrumente, da der Familie die finanziellen Mittel für solche Käufe fehlten.

Ohne technische Hilfsmittel und mit einfachstem Werkzeug entwickelte er Schreibmaschinen. Er konstruierte in der Zeit von 1864 bis 1869 fünf Modelle: zwei vorwiegend in Holz mit Stechschriftbuchstaben und drei Modelle in Metallausführung für den Typendruck. Mitterhofer bat Kaiser Franz Joseph I. persönlich um Hilfe. Dieser forderte Gutachten ein, woraufhin der Erfinder eine finanzielle Unterstützung von 350 Gulden erhielt und das fünfte seiner Modelle in die Sammlung des Polytechnischen Institutes einging. Jedoch erkannten die Gutachter am Polytechnikum nicht den wahren Wert dieser Maschine und wurde daher noch nicht serienmäßig hergestellt. Entmutigt und resigniert, geriet er schließlich vollständig in Vergessenheit. Zwei Amerikaner ließen sich 1868 eines seiner Modelle unabhängig von Mitterhofer patentieren und schufen damit die Grundlage zur Serienfertigung der ersten Schreibmaschinen.

Fachleute würdigen ihn heute als „primus omnium", denn in seinen Maschinen sind bereits Ideen verwirklicht, die erst viele Jahre später serienmäßig umgesetzt wurden. Mitterhofer war seinerzeit um Jahrzehnte voraus und in der Anzahl seiner Konstruktionseinfälle unübertroffen.

Auf dem Weg zur Serienproduktion

Die erste in größeren Stückzahlen gefertigte Schreibmaschine ist die sogenannte „Skrivekugle".

Diese „Schreibkugel" wurde von Rasmus Malling- Hansen 1865 konstruiert, er war Vorstand des königlich dänischen Instituts für Taubstumme in Kopenhagen.

Die in einer Kugelkalotte geführten 54 Typenstäbe druckten Großbuchstaben, Zahlen und Interpunktionen in ein zylindrisch eingespanntes Blatt Papier. Berühmtester Besitzer einer solchen Schreibmaschine war der Philosoph Friedrich Nitzsche (1844- 1900).

Remington & Sons, eine amerikanische Schusswaffenfabrik, produzierte seit 1876 die von Carlos Glidden (1834-1877) und Christopher Latham Sholes (1819 – 1890) patentierten Schreibmaschinen, nach dem Modell von Peter Mitterhofer. Nach einigen Veränderungen kamen sie als „Shole & Glidden Type- Writer" auf den Markt.

Die weiterentwickelte „Remington No.2" konnte dann bereits durch eine Taste zwischen großen und kleinen Buchstaben umschalten sowie das Farbband selbstständig transportieren. Sie besaß, wie schon das Vorgängermodell, eine QWERTY-Tastatur.

QWERTY ist eine Bezeichnung für die im englischen Sprachraum gebräuchliche Tastaturbelegung und meint die ersten sechs Buchstaben der oberen Tastaturreihe- im deutschen Sprachraum ist heute die QWERTZ-Belegung gebräuchlich.

Nach mehreren konstruktiven Verbesserungen und Erweiterungen wurden die Schreibmaschinen der Firma Remington in Amerika zum Allgemeingut.

„Erika & ihre flotten Typen"

Die erste deutsche Reiseschreibmaschine hieß „Erika No1". Als sie in Dresden 1910 auf den Markt kam, gab es in Amerika schon mehr als 100 Schreibmaschinenfabriken.

Die Firma „Seidel & Naumann", ein Nähmaschinen- und später auch Schreibmaschinenhersteller, produzierte die erste „Erika". Das Besondere an ihr war, dass sie zusammengeklappt werden konnte. Sie erhielt ihren Namen nach der einzigen Enkelin des Firmengründers Bruno Naumann.

Von der ersten „Erika" wurden vier Modelle produziert. Unter Sammlern ist diese Maschine auch als „Klapp-Erika" bekannt. Sie wurde sehr komprimiert mit nur drei Tastenreihen entwickelt, dafür waren die Typen dreifach belegt. Vom Modell 1 wurden ca. 3000 Stück hergestellt. Noch im Jahr 1910 folgte Modell 2, später die Modelle 3 und 4. Die Produktionszahlen dieser dreireihigen „Erika" belief sich auf etwa 90000 Maschinen. 1927 erschien Modell Nr. 5 die erste vierreihige „Erika", von dem Konstrukteur Paul Käppler.

„Hinweg mit Tint' und Feder, mit Erika schreibt jeder!"

Die „Erika" gehörte in der DDR zu den meist produziertesten Schreibmaschinen. Sie war aber ein Luxusartikel, denn ihr Preis von 435 DDR- Mark entsprach dem halben Monatslohn eines Facharbeiters.

In den Jahren zwischen 1960 und 1991 wurde die „Erika" vom Designer Gerhard Schöne gestaltet. Sein Name wurde auch dadurch bekannt, da die „Privileg" – eine Schwester der „Erika" – in die Bundesrepublik Deutschland exportiert wurde.

In verschiedenen Modellen und Ausführungen produzierte man diese Schreibmaschine bis 1991 über 8 Millionen Mal. Sie ist damit die in Deutschland am häufigsten hergestellte Kleinschreibmaschine und fand in Betrieben sowie Privathaushalten Verwendung.

Und ihre Beliebtheit wird durch das Werbemotto verdeutlicht: „Hinweg mit Tint' und Feder, mit Erika schreibt jeder!"

„Erika", „Regina" und am Ende auch der Präsident

Es gab über 30 „Erika" Modelle in den vielfältigsten Ausführungen, Farben und Sonderausstattungen – und 109 verschiedenen Tastaturen wurden auf Wunsch der Kunden konstruiert.

Als Exportschlager in zahlreiche Länder der Welt wurde sie unter verschiedenen Namen geliefert. So gab es Modelle mit den Bezeichnungen „Bijou", „Gloria", „Mirsa Ideal", „Elite", „Irene Super", „Ursula", „Ursula de luxe", „Präsident", „Präsident de luxe", „Privileg", „Olympia Regina" und „Robotron Comfort".

Elektrische und elektronische Schreibmaschinen mit dem Namen „Erika" wurden ab 1985 nicht nur in Dresden, sondern auch in Erfurt und Chemnitz hergestellt. Unter der Bezeichnung „Erika – Picht" stellte man ab 1980 bis 1991 die Blindenschreibmaschine Modell E500, E510 und E520 mit ca. 1900 Stück her. Namensgeber ist hierfür der Erfinder der Punktschriftmaschine für blinde Menschen, Oskar Picht (1871 – 1945). Er hatte bereits 1899 die erste brauchbare deutsche Punktschrift- Bogenmaschine entwickelt-

Auf den folgenden Seiten stelle ich Ihnen meine Lieblingssammlerstücke vor.

Trotz intensiver Forschung ist es mir bis jetzt leider nicht gelungen, bei allen hier dargestellten Schreibmaschinen das Baujahr und die Registrierungsnummer herauszufinden.

Diese fehlenden Angaben habe ich mit einem X gekennzeichnet.

Bild 1

Erika Modell 2 / Baujahr 1914 / Reg.-Nr. 14037

Bild 2

Erika Modell S / Baujahr 1936 / Reg.-Nr. 577340/S

Bild 3

Erika Modell M / Baujahr 1938 / Reg.-Nr. 696062/M

Bild 4

Erika Modell 5 / Baujahr 1934 / Reg.-Nr. 198155

Bild 5

Erika Modell 6 / Baujahr 1935 / Reg.-Nr. 210520/6

Bild 6

Erika Modell 10 / Baujahr 1957 / Reg.-Nr. 1859264

Bild 7

Erika Modell 10 / Baujahr 1957 / Reg.-Nr. 1849282

Bild 8

Erika Modell 10 / Baujahr 1955 / Reg.-Nr. 1778831

Bild 9

Erika Modell E/20 / Baujahr 1961 / Reg.-Nr. 4000048

Bild 10

Erika Modell 11 / Baujahr 1959 / Reg.-Nr. 2044656

Bild 11

Erika Modell 14 / Baujahr 1963 / Reg.-2160822

Bild 12

Erika Modell 10 / Baujahr 1953 / Reg.-Nr. 1726548

Bild 13

Erika Modell 33 / Baujahr 1965 / Reg.-Nr. 4908815

Bild 14

Erika Modell 42 / Baujahr 1974 / Reg.-Nr. 6710537

Bild 15

Erika Modell 105 / Baujahr 1987 / Reg.-Nr. 7761582

Bild 16

Präsident 1500 / Baujahr 1987 / Reg.-Nr. 7109470

Bild 17

Continental / Baujahr X / Reg.-Nr. 501048

Bild 18

Continental / Baujahr 1918 / Reg.-Nr. 182722

Bild 19

Continental 50 / Baujahr 1937 / Reg.-Nr. R 142907

Bild 20

G&O „Oertel" / Baujahr X / Reg.-Nr. X

Bild 21

Olympia Plana / Baujahr X / Reg.-Nr. X

Bild 22

Olympia S / Baujahr X / Reg-Nr. X

Bild 23

Olympia Filia / Baujahr 1937 / Reg.-Nr. 75964

Bild 24

Olympia Progress / Baujahr 1949 / Reg.-Nr. 654074

Bild 25

Olympia 8 / Baujahr 1936 / Reg.-Nr. 246458

Bild 26

Orga Privat / Baujahr 1928 / Reg.-Nr. 117627

Bild 27

Mercedes 5 / Baujahr 1932 / 367087

Bild 28

Kappel M2 / Baujahr 1930 / Reg.-Nr. 75239

Bild 29

Underwood 3 / Baujahr 1915 / Reg.-Nr. 148311

Bild 30

Continental Silenta / Baujahr 1938 / Reg.-Nr. 766397

Bild 31

Seidel & Naumann IDEAL A3 / Baujahr 1908 / Reg.-Nr. 57123

Bild 32

Urania / Baujahr 1939 / Reg.-Nr. 232354

Bild 33

GROMA / Baujahr X / Reg.-Nr. X

Bild 34

Adler Tippa S / Baujahr 1968 / Reg.-Nr. 4882234

Bild 35

Remington 10-20 / Baujahr 1974 / Reg.-Nr. X

Bild 36

Erika Modell 8 / Baujahr 1952 / Reg.-Nr. 1196884

Bild 37

Erika Modell 9 / Baujahr 1953 / Reg.-Nr. 1330208

Bild 38

Adler 7 / Baujahr 1911 / Reg.-Nr. 67993

Bild 39

Adler 15 / Baujahr 1923 / Reg.-Nr. 312744

Bild 40

Mercedes Superba / Baujahr 1938 / Reg.-Nr. 118105/1

Bild 41

Torpeto / Baujahr 1948 / Reg.-Nr. 491908

Bild 42

Remington Portable / Baujahr 1925 / Reg.-Nr. NE82231M

Bild 43

GROMA N / Baujahr 1945 / Reg.-Nr. 253451

Bild 44

Senta 3 / Baujahr 1926 / Reg.-Nr. 42692

Bild 45

Mignon 4 / Baujahr 1927 / Reg.-Nr. 348192

www.ingramcontent.com/pod-product-compliance
Lightning Source LLC
Chambersburg PA
CBHW051214220526
45473CB00003B/1025